CRITIQUE

DE LA LETTRE

SUR LA

COMÉTE,

OU

Lettre d'un Philofophe à une
Demoifelle âgée de 9. ans.

M. DCC. XL II.

REMARQUE.

LEs Aftronomes difent qu'une Planéte eft rétrograde , lorfqu'elle paroît avoir retourné fur fes pas , quoique véritablement elle n'ait point changée de détermination. C'eft dans ce fens qu'on prend le terme rétrograde page 78 , où l'ont dit que M. D. M. affure que les Cométes ne le font point. On a prétendu lui faire dire , non pas que les Cométes ne font point réellement rétro-

REMARQUE.

grades ; mais qu'on ne peut les fuppofer , à la façon des Planétes , rétrogrades en apparence feulement.

AVERTISSEMENT.

L'Imprimeur a dans la même page , ligne fixiéme , inferé huit lignes qui devoient être à la marge.

Fautes à corriger.

PAge précedente , ligne 6 ,
changée, *lisez* , changé.

Ibid. l. 9 , l'ont, *lisez* , l'on.

Pag. 11, l. 10, le Libraire, même,
lisez , le Libraire même.

Pag. 13 . l. 17, la suivante page ,
lisez , la suivante , page.

Pag. 18, l. 17, ce qui, *lisez*, ce que.

Pag. 22 , l. 4. Astronomie, *lisez* ,
Astronome.

Pag. 23 , l. 10 apparamment, *lisez*,
apparemment.

Pag. 24 , l. 17 , trouve , *lisez* ,
trouvera.

Pag. 25 , l. 7, sient, *lisez* , siéent.

Pag. 28 , l. 14 , *quæsieris scire*, lisez , *quæsieris , scire*.

Pag. 34 , l. 15 , *æris*, lisez, *aëris*.

Pag. 51 , l. 6 , tâton, *lisez*, tâtons.

Pag. 58 . l. 14 , périhelée, *lisez* ,
périhélie.

Pag. 76, l. 5, ces, *lisez*, ses.

Ibid. l. 9, produisent, *lisez*, produit.

Pag. 80, l. 15, appellé, *lisez*, appelle.

Pag. 93, l. 11, borner, *lisez*, borné.

Pag. 94, l. 15, serois, *lisez*, sçaurois.

Pag. 139, l. 4, vive source, *lisez*, vives sources.

Pag. 140, l. 14, Juiu, *lisez*, Juin.

Pag. 138, l. 5, pliant. Je, *lisez*, pliant je.

CRITIQUE
DE LA LETTRE
SUR LA
COMETE,
OU
Lettre d'un Philofophe à une Demoifelle âgée de 9. ans.

Ne forçons point notre talent,
Nous ne ferions rien avec grace :
Jamais. . . quoiqu'il faffe
. Ne fçauroit paffer pour galant.
Fab. D. L. F. XLV.

VRAISEMBLABLEMENT , vous ne fçavez pas, Mademoifelle , qu'il court

A

dans le beau Monde ſçavant
une lettre ſur la Cométe, écrite
par un Auteur anonyme à une
Dame, qui, dit-il, a ſouhait-
té qu'il lui en parlât. L'Auteur a fait voir qu'il a de la
complaiſance pour les Da-
mes : il a fait plus que de
parler à la ſienne de ce qu'elle vouloit ſçavoir ; il a pris la
peine de lui en écrire ; & ſi
elle a pris celle de lire ſa
Lettre, elle a été aſſurément
bien payée de ſa curioſité.
Vous ne m'avez point mar-
qué, vous, Mademoiſelle,
avoir envie de ſçavoir mon

fentiment, ni fur la Cométe, ni fur la Lettre qu'elle a occafionnée ; cependant vous ferez peut-être bien-aife de l'apprendre. A tout hazard, je vais vous le dire : L'Anonyme n'a fait que répondre aux défirs de fa Damie ; mais comme fans flatterie vous la valez bien, quoique vous ne foyez encore que Demoifelle, je tâcherai de prévenir les vôtres. Non content de les prévenir, j'aime tant à vous obliger, que je voudrois même vous en pouvoir infpirer, fimplement

A ij

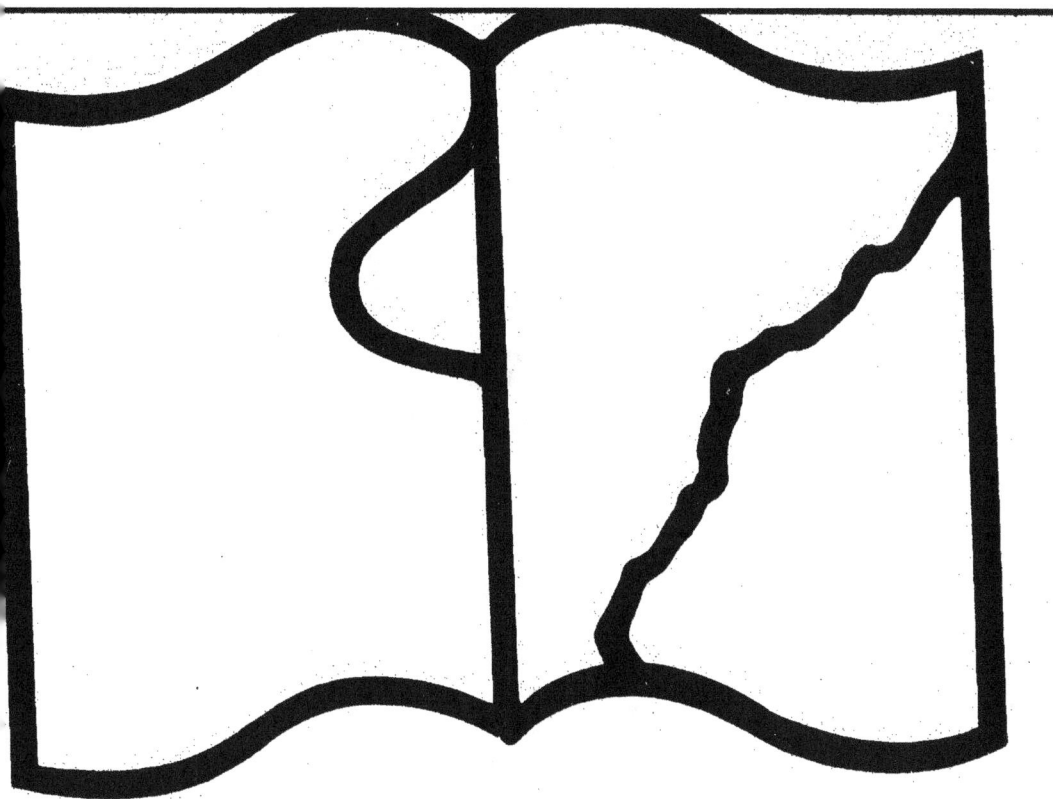

Texte détérioré — reliure défectueuse

NF Z 43-120-11

dans le beau Monde fçavant
une lettre fur la Cométe, écrite
par un Auteur anonyme à une
Dame, qui, dit-il, a fouhai-
té qu'il lui en parlât. L'Auteur a fait voir qu'il a de la
complaifance pour les Da-
mes : il a fait plus que de
parler à la fienne de ce qu'elle vouloit fçavoir ; il a pris la
peine de lui en écrire ; & fi
elle a pris celle de lire fa
Lettre, elle a été affurément
bien payée de fa curiofité.
Vous ne m'avez point mar-
qué, vous, Mademoifelle,
avoir envie de fçavoir mon

sentiment, ni sur la Cométe, ni sur la Lettre qu'elle
a occasionnée ; cependant
vous serez peut-être bien-ai-
se de l'apprendre. A tout hazard, je vais vous le dire :
L'Anonyme n'a fait que répondre aux désirs de sa Dame ; mais comme sans flatterie vous la valez bien, quoique vous ne soyez encore
que Demoiselle, je tâcherai
de prévenir les vôtres. Non
content de les prévenir, j'aime tant à vous obliger, que
je voudrois même vous en
pouvoir inspirer, simplement

pour avoir le plaisir de les fatisfaire.

Quand on écrivoit jadis
à quelqu'un, on étoit, suivant les régles de la politef-
fe & du bon fens, obligé de
ne l'entretenir que de chofes
qui fuffent à fa portée ; aujourd'hui ce n'eft plus cela ;
la mode en eft ufée ; ainfi fi
dans ma Lettre vous trou-
vez des chofes que vous ne
puiffiez comprendre , n'en
foyez point furprife , il faut
écrire à la mode.

M. l'Abbé Des Fontaines
vient d'apprendre au Public

ce qu'il ne foupçonnoit affurément pas ; c'eft que l'Auteur anonyme de l'Ouvrage
en queftion eft *un célébre Aftronome de l'Académie des Sciences , non - feulement profond
Géometre , mais encore homme
d'efprit.* Pourquoi ne s'eft-il
pas déclaré d'abord ? Son
nom cût fait honneur à fon
Ouvrage , & il me femble
que fon Ouvrage n'en fait
point à fon nom. S'il n'eût
pas laiffé ignorer l'un, peut-
être bien des gens n'auroient-
ils ofé trouver des défauts à
l'autre. Pour moi , cet Ou-

vrage a beau être d'un Académicien, & qui plus eſt, de
M. de Maupertuys ; quand
il viendroit directement d'un
Anglois & de Newton mê-
me, j'aurois la hardieſſe d'y
trouver à redire ; & l'appro-
bation dont l'honore M. l'Abbé Des Fontaines, ne me fait
point changer de ſentiment.
Au contraire, elle m'inſpire
l'audace de révéler les fautes
que j'ai eu la hardieſſe d'y
trouver. Si par hazard mon
attentat venoit à ſes oreilles,
il ne doit point le trouver é-
trange. Un homme, dont la

principale occupation eſt de contredire les autres, ne doit point trouver mauvais qu'on prenne quelquefois la liberté de le contredire à ſon tour.

Je ne puis voir ſans murmure ſon extrême ſévérité pour les Auteurs médiocres ou nouveaux, & ſon indulgence encore plus grande pour les Auteurs fameux ou en place. La prévention produit ſur les yeux de M. l'Abbé Des Fontaines le même effet que l'amour ſur ceux d'un Amant. La paſſion de cet Amant ne lui en laiſſe,

pour ainſi dire , jamais voir
l'objet qu'au travers d'une lunette , qui à la vérité eſt bien
toujours la même , mais que
la paſſion change de ſitua-
tion pour les objets differens.
Quand elle veut faire voir
les perfections de l'objet
aimé, elle préſente toujours
à l'Amant la lunette dans
le ſens où elle r'approche &
groſſit les objets ; mais lorfqu'il s'agit des défauts , elle
offre l'autre extrêmité. La
prévention , dis-je , rend le
même office à M. l'Abbé Des
Fontaines ; elle lui fait tou-

jours regarder le mérite des fameux Ecrivains & de leurs partifans par le premier bout de la lunette, & elle la retourne dès qu'il s'agit du mérite des Auteurs nouveaux ou ifolés. Il ne cherche dans ces derniers que de quoi blâmer, & il ne cherche que de quoi louer dans les premiers. Ne devroit-il pas plûtôt faire tout le contraire? Il me femble qu'on doit paffer bien des chofes aux Auteurs nouveaux, fur tout aux jeunes, & ne rien pardonner à ceux qui font célébres. Ce

feroit le moyen d'encoura-
ger les uns, & de perfection-
ner les autres. C'eſt ſur ce
principe que je me ſuis dé-
terminé à critiquer la Lettre
de M. de Maupertuis, &
par conſéquent celle de M.
l'Abbé Des Fontaines qui en
fait l'éloge.

Ce Critique éclairé dit que
rien n'eſt plus clair ni plus ſo-
lide que l'Ouvrage de M. de
Maupertuis, qu'il ſurnomme
l'Ingénieux Rival de l'Auteur
des Mondes. C'eſt ſur - tout
cette derniere louange qui
me pique. Le Rival ! & le

Rival Ingénieux de l'Auteur
des Mondes ! S'il eût dit le
fçavant Rival , paffe encore ,
j'y confentirois volontiers ;
mais pour *l'Ingénieux* , je ne
fçaurois le digérer. Sur quoi
a-t'il pû fonder une pareille
comparaifon ? Eft-ce fur *quelques traits d'une efpéce de galanterie que* le Libraire, même de l'Auteur , prend la liberté de trouver *affez fade* ?
je m'étois contenté , dès
la premiere Edition, d'en juger comme lui ; mais le pa-
rallele me choque au point
de faire éclatter mes fenti-

mens. Je prétends donc faire voir que l'Auteur de la
Lettre fur la Cométe n'eft
point rival, du moins *ingé-*
nieux de l'Auteur *des Mon-*
des ; & je démontrerai, en
paffant, que fon Ouvrage
n'eft ni *clair*, ni *folide*, non
feulement fuivant les principes de Phyfique, mais mê-
me fuivant ceux de fon Pa-
négyrifte.

Dans un Avertiffement du
Libraire, qui eft à la tête de
la feconde Edition, il dit
que les perfonnes de bon
gout ayant été choquées des

fades galanteries de l'Auteur,
il l'avoit fupplié de les retrancher, mais qu'il n'avoit
pu l'y réfoudre. Après cet
avis, s'imagineroit-on, que
non content de réimprimer
les anciennes, ce Libraire
eût eu l'impertinence d'y en
ajouter de nouvelles ? C'eft
pourtant ce qu'il a fait. Pour
nous raffurer contre le dan-
ger dont l'Auteur nous fup-
pofe menacés par les Cométes, il avoit, dans la premiere Edition, fait plufieurs ré-
flexions aufquelles il a joint
la fuivante page 92. & 93.

seconde Edition. « Une au-
» tre confidération doit ban-
» nir notre crainte : c'eſt
» qu'un malheur commun
» n'eſt preſque pas un mal-
» heur. Ce ſeroit celui qu'un
» temperament, mal à pro-
» pos trop robuſte, feroit ſur-
» vivre ſeul à un accident,
» qui auroit détruit tout le
» genre humain, qui ſeroit à
» plaindre. Roi de la Terre
» entiere, poſſeſſeur de tous
» ſes tréſors, il périroit de
» triſteſſe & d'ennui, & tou-
» te ſa vie ne vaudroit pas
» le dernier moment de ce-

» lui qui meurt avec ce qu'il
» aime.

Eſt-ce là le ſtile de l'*Auteur*
des Mondes ? Voilà pourtant
le plus beau de ces galans
paſſages, que M. l'Abbé Des
Fontaines trouve écrits *dans*
le Gout de ce célébre Moderne.
Puiſque je l'ai rapporté , il
faut que j'en diſe deux mots.
Son galant Auteur n'y a fait
que deux fautes de juſteſſe,
& une, au moins de galan-
terie. Que ſeroit-ce qu'un
homme qui réſiſteroit à la
deſtruction *de tout le genre hu-*
main ? Il faudroit effective-

ment qu'il fût d'*un tempera-*
ment, bien *mal-à-propos*, *trop*
robuſte. Si l'Auteur avoit été
auſſi bon Logicien, qu'on
dit qu'il eſt bon Aſtronome,
après avoir *détruit tout le gen-*
re humain, il n'auroit point fait
grace à un ſeul homme,
quelque robuſte qu'il eût été,
ou s'il avoit abſolument be-
ſoin de le conſerver pour faire ſa pointe, il falloit ne le
faire ſurvivre qu'à un accident, qui eût détruit tout *le*
reſte du genre humain.

Le ſecond défaut de juſ-
teſſe eſt dans ces mots, *toute*
ſa

fa vie ne vaudroit pas, &c.
Il falloit encore dire tout *le*
refte de fa vie , &c. car avant
que la fortune l'eût fait Roi
d'un cimetiere, il eût pû paffer des momens auffi doux ,
pour le moins , que *le dernier*
de celui qui meurt avec ce
qu'il aime,

Le défaut de galanterie eft
dans les mêmes mots , mê-
me après l'addition que j'y ai
faite , & qui ne remédie qu'à
la faute de juftefle. Pour fe
fervir d'une expreffion tout
à la fois exacte & galante; il
falloit , à la place de ces mots

B

toute fa vie, fubftituer ceux-ci, *tout fon regne*, &c.

J'ai dit qu'il y avoit dans ce paffage un défaut, au moins, de galanterie, parce qu'au lieu du pronom, *celui* dont fe fert fouvent l'Auteur galant, il eût dû, pour l'être encore davantage, & doubler fon antithéfe, n'oppofer qu'un *efclave* à fon Roi des morts, & dire que *tout* fon régne *ne vaudroit pas le dernier moment* d'un efclave, *qui meurt avec ce qu'il aime.*

Ajoutez à cela, que contre ce qui me femble infinuer

l'Auteur, ce dernier moment
ne vaudroit pas grand-cho-
se : il vaudroit si peu, qu'il
seroit bien difficile de moins
valoir; & même en l'exami-
nant de près, je ne sçais si on
ne trouveroit pas la pensée
absolument fausse. Oui, tout
bien considéré, je soutiens
qu'elle l'est; & que le sort
d'un homme, que comme
dans l'Ouvrage, on ne suppose point amoureux, & qui res-
teroit seul sur la terre, seroit
moins triste, moins cruel que
celui d'un Amant, qui au regret de périr, joint encore

la douleur de voir ce qu'il aime, périr avec lui. Cela ne se prouve point ; cela se sent.

Si ces remarques alloient aux oreilles de la personne, à qui s'adresse la Lettre sur qui je les fais, peut-être m'accuseroit - elle d'épiloguer ; mais le discernement & la délicatesse de celle à qui j'écris, me sont trop bien connus pour en appréhender une pareille injustice, surtout en songeant que l'Auteur de la Lettre que je critique est *un célébre Astronome de l'Académie des Sciences, non seu-*

lement profond Géométre (&
par conféquent excellent Logicien) *mais encore homme
d'efprit*, & plus que tout cela, *Rival* même *ingénieux de
l'Auteur des mondes.* Si un
tel homme n'eft pas obligé
de raifonner, & fur-tout d'é-
crire exactement, qui donc
y fera jamais obligé ? Je fçais
bien qu'il y a des Aftronomes, du moins j'en connois
un, qui ne fe pique pas d'u-
ne pareille bagatelle, & qui
jugeant des autres par lui-
même, a le front de dire pu-
bliquement que le tems qu'on

donne à l'étude de la Logi-
que, eſt un tems perdu ; mais
il y a Aſtronome & Aſtro-
nomie, & celui qui raiſonne
ainſi eſt bien capable d'admi-
rer ; mais non pas d'imiter
même les fautes de l'illuſtre
que je reprends ici.

Le Libraire, après avoir
dit dans ſon Avertiſſement,
qu'il l'a vainement ſupplié
de retrancher ſes galanteries,
pourſuit ainſi : *Loin de céder*
à nos avis, l'Auteur eſt per-
ſuadé que ſa Lettre auroit en-
core eu plus de ſuccès, s'il y
avoit mis plus de ces traits. Il

faut qu'il ait bien mauvaife
opinion du Public, & qu'il
ne le refpecte guéres ; mais
ne fembleroit-il pas, à l'entendre, que cette Lettre auroit effectivement eu beaucoup de fuccès ? Jugez - en
par les traits fur lefquels il
nous dit qu'il eft fondé. C'é-
toit apparamment pour nous
le faire accroire, pour ajouter le joli morceau dont je
viens de faire l'examen , &
pour nous avertir que l'Ouvrage de M. *Mofnier eft excellent*, qu'il a fait faire une
feconde Edition du fien ; car

il n'eſt pas vrai, comme l'a
cru, ou du moins l'a dit M.
l'Abbé Des Fontaines, que
la premiere ſoit épuiſée. Je
viens d'en envoyer chercher
un exemplaire chez le Li-
braire, qui n'en a, m'a-t'on
aſſuré, guéres moins que de
la ſeconde.

L'Avertiſſement finit en
ces termes : » Il nous a char-
» gé, (l'*Auteur*) d'annoncer
» au Public un autre Ou-
» vrage auquel il travaille
» ſur *les nébuleuſes*, adreſſé
» à Mademoiſelle. . . . . où
» l'on trouve une alluſion
» ingénieuſe

» ingénieufe de ces aftres a-
» vec l'humeur de cette char-
» mante perfonne , & dans
» lequel il fe flatte de n'avoir
» obmis aucune des graces
» que comporte un fujet auffi
» agréable , & qui fient fi
» bien à la Géométrie , à
» l'Aftronomie, & à l'Algé-
» bre.

Vous vous imaginez peut-
être , Mademoifelle , que
l'Auteur , piqué contre fon
modelle de n'avoir pû l'imiter, a voulu s'en venger en
le raillant, & vous le trou-
vez fans doute auffi mauvai:

C

railleur, que mal-adroit imitateur ; cependant M. l'Abbé
Des Fontaines trouve *cette
plaisanterie ingénieuse & plei-
ne de sel*, & il faut bien, avec
votre permission, qu'elle soit
telle ; car elle est, dit-il, *dans
le vrai gout du Docteur Swift*,
lequel Docteur Swift est un
Docteur Anglois ; mais je
vous avoue de bonne - foi,
que s'il ne m'eût pas averti
qu'elle étoit dans le vrai gout
du Docteur Swift, j'aurois
trouvé, comme vous, l'Au-
teur de l'Avertissement aussi
mauvais plaisant, que celui

de la Lettre me paroît fade
galant; car je me ferois ima-
giné, comme le perfuadent
les Obfervations de M. l'Abbé Des Fontaines, que ce
trait de plaifanterie tomboit,
ou du moins étoit décoché
fur *les Mondes*; & je vous
laiffe à juger fi ces *Mondes*
font un terrein auffi aride &
auffi mal cultivé que les Cométes. L'Imitateur a femé
dans une terre ingrate, au lieu
de rofiers, il n'a pu y faire venir que des églantiers, dont
il n'a pas même eu l'art de
faire épanouir les fleurs.

C ij

La comparaiſon qu'en fait M. l'Abbé Des Fontaines n'a ſervi qu'à les faire trouver plus pâles, & à relever l'éclat de celles que notre Créateur moderne a ſemées dans ſes *Mondes* avec tant d'abondance & d'art , qu'ils n'en ſont pas moins parés , que leur original n'eſt orné de ſes innombrables étoiles.

A la tête de ſa Lettre l'Auteur a mis ces mots : *Tu ne quæſieris ſcire nefas.* M. l'Abbé Des Fontaines , à la ſagacité de qui rien n'échape, a judicieuſement obſervé que

cette Epigraphe eſt tirée de l'O-
de II. *du* I. *Livre des Odes*
d'Horace : Cela étoit ſans
doute fort utile à ſçavoir ;
mais il auroit bien dû nous
expliquer en même-tems ce
que veut dire cette Epigraphe à la tête d'un Ouvrage
qu'il trouve ſi *clair*, & dans
lequel l'Auteur dévelope
avec tant de préciſion la nature des Cométes, qu'il me-
ſure exactement les dimen-
ſions de leur queue, & qu'il
compteroit volontiers jufqu'aux poils de leur barbe.

Il adreſſe ſa Lettre à une

Dame. Eft-ce à l'imitation de l'Auteur des *Mondes* ? Eft-ce par ironie ? Soit qu'il ait eu l'un ou l'autre en vue, fon deffein lui a fort mal réuffi. L'adreffe de fa Lettre eft le feul endroit par lequel elle ait quelque rapport avec les *Mondes* ; & pour parler auffi Géométrie, ces deux Ouvrages font entr'eux comme leurs objets. Dans le nouveau, ce ne font que noms Anglois, que vous ne pourriez prononcer fans vous faire mal à la gorge, & que vos oreilles ne pourroient enten-

dre fans en être bleffées. Ce
ne font que *cones* , *courbes
ovales* , *paraboles* , *fections co-
niques* , avec des *ellipfes* plus
ou moins allongées : Je vous
dis , Mademoifelle , c'eft
quelque chofe d'effrayant. Je
ne crois pas qu'il y ait en
France de femme affez har-
die pour lire cette **Lettre** , &
affez fçavante pour l'entendre , à moins que ce ne foit
Madame la **Marquife** du Châ-
telet ; & il n'y en a aucune
d'un peu d'efprit qui ne fe
faffe un amufement de la lec-
ture des *Mondes* , & qui, dès

la premiere, ne les comprenne aisément.

L'Auteur commence par faire l'hiftoire des differentes opinions fur la nature des Cométes, afin, dit-il, *que toutes les abfurdités poffibles fur cette matiere fuffent dites.* Cependant la fuite de fa Lettre prouve qu'il en reftoit encore à dire.

En rapportant les fentimens des plus fameux Philofophes, il ne manque pas, pour égayer la matiere, de lancer quelques traits contre chacun d'eux; mais M. l'Ab-

bé Des Fontaines, non content de ces traits, revient à
la charge, fur-tout contre
Ariftote. Il trouve mauvais
que ce Philofophe ait igno-
ré une chofe qui n'a jamais
été, ou dont tout au moins
on eft encore, de fon aveu
même, tout-à-fait incertain.
» Il eft bien étonnant, *dit-il*,
» qu'Ariftote n'ait pas fçu que
» les Caldéens avoient jugé
» que les Cométes étoient
» des aftres, dont le cours é-
» toit régulier, & qu'ils l'a-
» voient même calculé. Ce-
» pendant, *ajoûte-t'il tout de*

» *fuite* , il n'eſt pas bien ſûr
» que les Caldéens ayent eu
» cette idée des Cométes. »
Il rapporte même un paſſage
de Seneque , qui prouve le
contraire. (*a*) & ſix lignes
auparavant il trouve mauvais
que le Prince des Péripate-
ticiens n'ait pas ſçu que les
Caldéens regardoient les Cométes comme des aſtres ré-

___

(*a*) *Epigenes ait* , dit Seneque , *Chal-*
dæos nihil de Cometis habere compre-
henſi , ſed videri illos accendi turbine
quodam æris concitati & intorti. Epige-
ne , dit M. l'Abbé Des Fontaines , pour
donner plus de force à ce paſſage , *avoit*
étudié l'Aſtronomie ſous les Caldéens.

guliers. De bonne-foi, n'y a-
t'il pas là bien de la mauvaife humeur contre le Précepteur d'Alexandre ?

» Comme les Cométes
» font une partie du fyftême
» du Monde, *dit M. de Mau-*
» *pertuis* ; on ne fçauroit les
» bien faire connoître fans
» retracer ce fyftême en en-
» tier. Le Soleil eft un glo-
» be immenfe . . . . Tout im-
» menfe qu'il eft, il n'occu-
» pe qu'un point de l'efpace
» infiniment plus immenfe
» que lui, dans lequel il eft
» placé ; & l'on ne peut di-

» re que le lieu qu'il occupe
» foit ni le centre, ni l'extré-
» mité de cet efpace, parce
» que, pour parler de cen-
» tre & d'extrémité, il faut
» qu'il y ait *une figure & des*
» *bornes.* Chaque Etoille fixe
» eft un Soleil femblable,
» qui appartient à un autre
» Monde. » Donc que le premier eft fini, & qu'il a par
conféquent des bornes & une
figure, donc qu'on peut dire
que le Soleil en occupe le
centre, ou l'extrémité, ou
telle autre partie. Ce doit
être la même chofe pour les
Etoiles fixes.

» Pendant que notre So-
» leil , *ajoûte l'Auteur* , fait
» fur fon axe une révolution
» dans l'efpace de 2 5. ½ jours,
» la matiere dont il eft formé
» s'échape de tous côtés,
» & s'élance par jets, qui s'é-
» tendent jufqu'à de grandes
» diftances, jufqu'à nous, &
» par-delà. » Quand on fou-
tient des opinions pareilles,
on devroit être bien réfervé
fur les railleries qu'on fait
des abfurdités dans lefquelles
font tombés les autres. M.
l'Abbé Des Fontaines y pen-
foit-il bien quand il a trouvé

cela si *clair* & *si solide*? Le
nom, le ton de l'Auteur, la
façon décisive dont il avance
comme incontestable, une
opinion insoutenable, n'ont-
ils point ébloui le sçavant
critique, au lieu de l'éclai-
rer?

J'admire sa pénétration. Il
est peut-être le seul qui con-
çoive *clairement* comment il
peut se faire que la matiere
du Soleil ne soit qu'un demi-
quart-d'heure à venir de cet
astre à la terre; c'est-à-dire,
qu'elle ne mette à faire tren-
te millions de lieues que 7.

ou 8. minutes. Peut-on s'i-
maginer, dans les rayons de
lumiere, une fi prodigieufe
rapidité, & dans leur fource
affez de force & d'impétuo-
fité pour les darder, je ne dis
pas jufqu'à nous, mais jufqu'à Saturne, & au-delà. Que
dis-je, au-delà de Saturne,
c'eft une bagatelle. Il faut encore bien davantage de force aux Etoiles fixes de la cin-
quiéme & fixiéme grandeur
pour nous lancer leurs rayons
de lumiere. Il leur faut parcourir les efpaces immenfes
de plufieurs grands tourbil-

lons, au prix defquels la diftance du Soleil à la terre n'eft
qu'un point, & M. l'Abbé
Des Fontaines conçoit cela
clairement. Quelle pénétration !

Mais fuppofons qu'il con-
çoive *clairement* que le Soleil & les Etoiles fixes ayent
affez de force pour envoyer
jufqu'à nous leur matiere,
comprend-t'il auffi qui nous
la renvoye des Planetes ? Et
par quelle vertu Saturne nous
réfléchit fi promptement de
300 millions de lieuës une
matiere

matiere qui lui vient encore
de plus loin ?

Comment ce *feu célefte*
que le Soleil répand inceſ-
famment ſur la ſurface de la
terre & des autres Planétes,
ne les couvre-t'il pas ? ne les
pénétre-t'il pas ? & enfin ne
les embraſe-t'il point ?

Pendant la nuit on apper-
çoit de plus de deux lieuës
à la ronde une bougie allu-
mée. Peut-on ſe perſuader,
que de la flâme de cette bougie, il s'échape continuellement une aſſez grande quantité de corpuſcules pour al-

D

ler illuminer tous les points
fenfibles d'une circonférence de quatre lieuës de dia-
métre, & par conféquent de
plus de douze lieuës de cir-
cuit ? Ce qui augmente encore la difficulté, c'eſt qu'on
ne peut pas nier que cette
bougie ne ſoit dans un fluide, dont l'agitation eſt contraire à la propagation de ſa
lumiere. Cependant le plus
grand vent, foufflant d'une
détermination directement
oppoſée au lieu d'où nous
vient la lueur de cette bougie, n'empêche pas qu'on ne

l'apperçoive toujours à la même diftance. Il ne diffipe &
ne dérange même pas le
cours de ces corpufcules lé-
gers & infenfibles , qui nous
apportent la lumiere. Cette
flâme ne ceffe point de
nous en envoyer des ruif-
feaux tant qu'elle trouve de
la nourriture ; mais quand
cette nourriture vient à lui
manquer, elle s'évanouit enfin.

Pourquoi du moins la mê-
me chofe n'arrive-t'elle pas
au Soleil? Ne devroit-il pas
être épuifé avant que d'avoir

envoyé la lumiere feulement
à tous les points fenfibles de
l'immenfe circonférence que
décrit autour de lui Saturne? Peut-il même l'y en-
voyer? & ne faudroit-il pas
pour cela que la partie fût
égale au tout ; c'eft-à-dire ,
que le Soleil qui n'eft , ou
plûtôt qui n'occupe qu'une
partie de cette efpace , le
remplit tout entier? Car comme les rayons de lumiere
font prolongés depuis la fur-
face du Soleil jufqu'aux ex-
trêmités de fon tourbillon,
ou fi on lui en refufe un,

juſqu'à tous les points éga-
lement diſtans du Soleil que
Saturne, ils devroient rem-
plir tout cet eſpace, ou du
moins ne laiſſer entr'eux que
des vuides inſenſibles, tels
qu'en admettent la plûpart
de ceux qui ſoutiennent le
parti des tourbillons : ainſi
dans le ſyſtême du grand vuide de Newton, il n'y auroit
pas plus de vuide que dans
le ſyſtême des tourbillons.

Suppoſé toutefois que le
Soleil pût, ſans s'épuiſer,
envoyer une fois des corpuſcules à tous les points ſenſi-

bles de la circonférence de fon tourbillon ; dans quelles fources puiferoit-il de quoi faire continuellement de nouveaux envois ? M. de Maupertuis nous l'apprend. Ce feroit, dit-il, dans les Cométes, qu'il attireroit infenfiblement à lui, & qu'il engloutiroit dans fes befoins, pour réparer les pertes qu'il fait à chaque inftant. Outre que cela ne lui fuffiroit pas, cette conjecture eft fi dépourvue de vraifemblance, que M. l'Abbé Des Fontaines ne peut s'empêcher de

la trouver telle ; mais n'ofant
la blâmer en M. de Maupertuis, il la rejette fur Newton, & il ajoûte : » Cela n'é-
» tant fondé fur rien de
» plaufible, pourroit être re-
» gardé avec raifon comme
» une opinion digne d'Arif-
» tote. » Toujours ce pauvre
Ariftote. Eh ! pourquoi le
charger des fottifes des autres ? Comme fi M. le Chevalier Newton , pour être
Anglois, n'étoit pas auffi capable d'en dire qu'un Philofophe Grec.

Quand M. l'Abbé Des

Fontaines parle de Defcartes, il le nomme toujours tout court : il ne donne jamais la moindre épithéte à Ariftote ; mais en parlant du Chevalier Newton, c'eft toujours le grand Newton , ou tout au moins *Monfieur* Newton. Je voudrois bien fçavoir pourquoi il ne dit pas auffi le grand Defcartes , & *Monfieur* Ariftote. A l'égard du premier, il en agit peut-être ainfi fans façon avec lui , à caufe qu'il eft de fa Nation ; mais pour Ariftote , il eft étranger, auffi-bien que M. le

Chevalier

Chevalier Newton. D'où
vient donc cette difference ?
Il l'a apparemment prife dans
l'Ouvrage de M. de Maupertuis. Cette imitation eft peut-
être une louange fine & dé-
licate. Quoiqu'il en foit, je
ne fçaurois approuver cette
prééminence qu'ils donnent
fur Ariftote à leur Chevalier
Newton. Eh! fur quoi la fon-
dent-ils, encore une fois ?
Eft-ce fur les titres, les di-
gnités, les honneurs & le
mérite ? Si Newton a été
Géométre, Aftronome, Phy-
ficien, de la Société Royale

E

de Londres , & Chevalier
de je ne fçais quel Ordre ;
Ariſtote fût Philoſophe uni-
verſel , Diſciple & Rival du
divin Platon , Chef de la Sec-
te des *Péripatéticiens* , bel eſ-
prit ; Auteur d'un excellent
Traité ſur l'Eloquence , &
d'une poëtique , aux regles
de laquelle les *Racines* & les
Corneilles on fait gloire de ſe
conformer ; Précepteur d'*A-
lexandre le Grand* , beau-fre-
re d'un Roi ſon intime ami ,
Epoux d'une Princeſſe char-
mante , auſſi galant que l'Auteur des *Mondes* ; tendre &

fidele comme moi. S'il s'eft
fouvent trompé fur la Phyfique, ce n'a pas été fa faute. Dénué du fecours des ex-
périences, il ne pouvoit que
deviner & marcher à tâton ;
malgré cela il a peut-être encore plus approché de la vérité fur la nature des Cométes , que M. le Chevalier
Newton. Ce qu'il y a de très-
certain, c'eft qu'on ne peut
être tout ce qu'il a été fans
avoir un efprit fupérieur ,
tranfcendant ; & il n'eft pas
néceffaire d'en avoir du tout,
il ne faut que du bon fens,

& même du plus commun, pour être bon Géométre, bon Aftronome, Chevalier d'un Ordre, & membre de la Société Royale de Lon-dres. J'ai des preuves vi-vantes de ce que j'avance, & connuës pour telles de tous ceux qui les connoiffent. D'où je conclus, contre M. l'Abbé Des Fontaines, qu'A-riftote mérite, auffi-bien que M. le Chevalier Newton, pour le moins, qu'on l'ap-pelle *Monfieur*.

L'Auteur explique le cours des fix Planétes du premier

ordre autour du Soleil , avec
une précifion que M. l'Abbé
Des Fontaines trouve *admi-*
rable. Je ne fçais pas trop
pourquoi. Qu'entend-t'il par
cette précifion ? Eft - ce le
tems exact des révolutions
de ces Planétes autour du
Soleil ? Non , il n'eft marqué
qu'à peu près. Eft-ce le peu
de mots employés à faire cette explication ? Je n'y vois
rien de fi admirable , & il n'y
a perfonne qui n'en pût faire
autant. En vérité , il faut a-
voir bien envie de louer les
gens , & n'en avoir guéres

d'occafions, pour fe fervir
d'une femblable. Je crois,
que s'il ofoit, il loueroit jufqu'aux points & aux virgu-
les de l'Ouvrage.

Après avoir expliqué le
cours des Planétes, M. de
Maupertuis ajoûte que ce
n'eſt que de nos jours qu'on
a découvert les loix de leur
mouvement autour du So-
leil, & que ces loix, décou-
vertes par l'heureux Kepler,
en ont fait découvrir la caufe au grand Newton. » Il a
» démontré, *dit-il*, que pour
» que les Planétes fe mûſſent,

» comme elles fe meuvent
» autour du Soleil, il falloit
» qu'il y eût une force qui
» les tirât continuellement
» vers cet aftre. » Dans la
premiere Edition, il s'étoit
contenté de dire qui *les tirât*,
ou *les poufsât* continuellement, &c. Dans la feconde
Edition, il ne laiffe plus d'al-
ternative, & il anéantit fans
miféricorde les tourbillons ;
mais eux une fois ôtés, qui
fera la caufe phyfique du
mouvement des aftres ? Belle demande ! *l'attraction*. Et
qu'eft-ce que l'attraction ?

E iiij.

Une force mutuelle qu'ont
les corps pour s'attirer; c'est-
à-dire, une douce sympathie,
un penchant naturel, une inclination mutuelle, un amour
réciproque qu'ont les corps
les uns pour les autres : &
cela en raison réciproque de
leurs masses, ou de leurs vo-
lumes ; les petits ont plus
d'amour , & les gros ont
plus d'attraits. Quelles pau-
vretés ! Quel galimatias ! Est-
ce-là de la Physique ? Les
sympathies , antipathies , an-
tiperisthases , & autres qua-
lités occultes des Péripaté-

ticiens, leurs formes subſtan-
tielles ont-elles jamais été
plus obſcures que l'attraction ? Conduit-elle plus phy-
ſiquement les aſtres qu'un
Ange ? Si ceux qui ont aſſez
de foi pour y croire, oſent à
tort & à travers turlupiner
Ariſtote & S. Damaſcene,
que veulent-ils qu'on penſe
& qu'on diſe d'eux ? Je voudrois bien, par plaiſir, que
nous puſſions, M. l'Abbé
Des Fontaines & moi, paſ-
ſer quelques ſiécles ſur la terre, pour entendre ce que nos
deſcendans diront de l'attrac-

tion, quand une fois la mode
en sera passée.

C'est dommage que M. de
M. n'ait pas affaire à *Cyrano de
Bergerac*, il commenteroit &
paraphraseroit sa tendre opinion. Le Soleil, diroit-il, est
le Roi de son tourbillon ; les
six Planétes premieres sont
six grands Seigneurs de son
Royaume, Gouverneurs des
six Provinces les plus consi-
dérables, qui dans leur *Périhelée* viennent rendre au
Roi hommage de leurs Gou-
vernemens. Les Planétes se-
condaires sont les Gentils-

hommes de la Province, qui
font affiduement la cour à
leur Gouverneur. Les nua-
ges font de fimples fujets que
le Gouverneur exile quel-
quefois, mais à qui fa clé-
mence accorde bientôt leur
retour. Les Cométes font les
Gouverneurs des Provinces
les plus éloignées, par exemple, des Vicerois d'Améri-
que, qui viennent rarement
à la Cour du Prince. En
partant pour leurs Gouver-
nemens, ils étoient d'affez
petits Seigneurs ; mais s'y é-
rant enrichis à force de pil-

ler le peuple, ils en reviennent en pompeux appareil, & avec une nombreuse suite, qui étonne tout le monde. Le Roi, instruit de leur mauvaise gestion par leur équipage même, les attire insensiblement à lui, & grossit son épargne de leurs trésors, quand ils n'en ont pas assez amassé pour se soustraire à son pouvoir. Puis ce Roi bienfaisant renvoye à ses pauvres sujets, au bout de chaque rayon de lumiere, les biens qui leur avoient été volés; mais laissons-là Cyrano de Bergerac.

C'eft donc l'*attraction* qui porte les autres aftres de notre tourbillon à s'approcher du Soleil ; mais qui les oblige à s'en éloigner, lorfqu'ils font venus à leur *périhélie* ? C'eft fans doute une répulfion ; c'eft-à-dire , une averfion fubite , qui fuccéde à leur inclination ; c'eft l'antipathie qui prend la place de la fympathie. Ne femble-t'il pas de deux perfonnes qui fe marient ? Le Soleil eft la belle , la Planéte eft le galant, & le *Perihélie*, c'eft le mariage. Il y a pourtant cette différence entre les corps célestes & les humains, que les Planétes, après s'être éloignées du Soleil, s'en rapprochent derechef, au lieu que quand un Epoux quitte & hait sa femme, c'est ordinairement pour toujours. C'est pourquoi j'aimerois mieux comparer le Soleil & & ses Planétes avec ces Amans, qui de loin s'aiment à la fureur, & qui de près ne peuvent se souffrir : ils passent leur vie à se brouiller & à se raccommoder. En un mot, le Soleil est une coquette, dont les Planétes font les galans.

Voilà, grace à la *Sympathie* & à l'*Antipathie*, les pourfuites & les fuites des Planétes, à l'égard du Soleil, heureufement expliquées. C'eft la *fympathie* ou l'*attraction* qui les approche de cet aftre, & *l'antipathie*, qui les en éloigne ; mais comment expliquer leurs révolutions fur elles-mêmes, quelle fera la caufe phyfique de ce mouvement ? Ce fera apparemment l'amour-propre ; & cet amour-propre, auffi-bien que l'attraction , répondra fans doute à la groffeur des corps. Cela pofé , je ne m'étonne plus de ce que *Jupiter* & *Saturne* , étant beaucoup plus gros que la terre , achevent bien plus promptement qu'elle leur révolution autour d'eux-mêmes.

Il n'y a point d'attraction dans la nature. Tous les mouvemens qui fe font dans le monde corporel, fe font par impulfion , & ce qu'on appelle communément attraction, n'eft qu'une efpece d'impulfion. C'eft une vérité facile

cile à comprendre, fi l'on fait attention que tous les corps qui paroiffent attirés, font effectivement pouffés par quelque endroit, & que la partie qui eft pouffée, tenant au refte du corps, l'oblige néceffairement de la fuivre. Par exemple, le mouvement d'un caroffe attelé de deux chevaux, n'eft qu'une impulfion. Ces chevaux pouffent la partie de leur harnois appliquée fur leur poitrail, une autre partie de ce harnois eft attachée au timon, le timon tient au refte

F.

du caroſſe ; ainſi le mouvement du caroſſe vient de l'impulſion communiquée au harnois. Il en eſt de même des
pierres & des fardeaux, que
par le moyen d'une grüe ou
d'une ſimple poulie, on éleve au haut des bâtimens.
Tous ces corps proprement,
ſont pouſſés par quelque endroit, & non pas attirés. En
un mot, toute la difference
qu'il y a entre attraction &
impulſion, c'eſt que quand la
premiere cauſe ſenſible du
mouvement eſt derriere le
corps mû, on dit qu'il eſt pouſ-

sé, & quand elle se trouve de-
vant, on dit qu'il est attiré ;
mais dans l'un & l'autre cas,
c'est toujours impulsion.

Vous me demanderez peut-
être, Mademoiselle, com-
ment donc s'attirent les
cœurs : vraiment, c'est bien
une autre affaire que de tirer
un carosse ; il y a pourtant
des chevaux qui s'en mêlent
aussi, & qui même quelquefois y réussissent. M. de Maupertuis vous diroit, sans être
embarrassé qu'une belle attire un Amant, & en fait un
Esclave, comme une Pla-

néte attire une Cométe, &
en fait un Satellite; que même ils s'attirent mutuellement, & que cela fe fait tout
naturellement par le moyen
de la *fympathie;* c'eft-à-dire,
plus clairement de l'*attrac-*
tion. Ce mot explique tout ,
& réfout toutes difficultés.
Pour moi, qui ne conçois
point l'attraction , je vous
avoue franchement que je ne
fçais pas trop de quelle façon s'attirent les cœurs. C'eft
un fecret que depuis long-
tems je cherche en vain dans
vos yeux , où vous femblez

le tenir caché ; mais ce que je fçais bien certainement , c'eft que n'approchant jamais de vous plus près que je n'ai fait jufqu'ici, ces yeux , malgré tout leur pouvoir, n'agiroient point fur les miens , s'ils ne nageoient les uns & les autres dans un fluide , qui communiquât aux miens l'action des vôtres. La raifon phyfique en eft , que deux corps diftans , tant qu'ils reftent diftans , ne peuvent rien l'un fur l'autre que par le moyen des autres corps interceptés entr'eux.

Comment donc M. de Maupertuis veut-il que le Soleil, les Planétes & les Cométes agiſſent les uns ſur les autres, puiſque, ſelon lui, ils roulent dans le vuide, à des diſtances preſque infinies ? Cela eſt-il intelligible ? Et M. l'Abbé Des Fontaines a-t'il bien pû dire qu'il n'y avoit *rien de plus clair ni de plus ſolide* qu'un ſyſtême fondé ſur de pareils principes ? C'eſt donc une clarté qui ſort des ténébres, & une ſolidité appuyée ſur le vuide. Eſt-il homme à croire ſur la foi de

M. de Maupertuis , que le
grand Newton a démontré
cette attraction ? J'avois bien
oüi-dire qu'il l'avoit suppo-
sée ; mais je ne sçavois pas
encore qu'il l'eût démontrée.
Cette démonstration de M.
le Chevalier Newton est apparemment une nouvelle dé-
couverte de M. de Mauper-
tuis. Il auroit bien dû nous
en faire part, & nous démon-
trer lui-même physiquement
cette attraction.

Pour moi, je n'ai pû jus-
qu'ici la comprendre; & quelque estime que j'aye pour M.

de Maupertuis, quelque vénération que j'aye pour le célébre Newton, cette eſtime
& cette vénération ne font
point encore des motifs aſſez
puiſſans pour me faire croire, en matiere de phyſique,
ce que je n'entends pas. J'aurois peur que nos deſcen-
dans ne ſe mocquaſſent un
jour de moi, comme on fait
aujourd'hui d'*une foule de Phi-
loſophes, qui n'ont,* dit-on,
*crû ni penſé que d'après Ariſ-
tote.* Y a-t'il plus de gloire à
ne croire & à ne penſer que
d'après Newton ? L'attraction.

tion fait-elle plus d'honneur
à ſes fidéles croyans, que la
ſympathie? Quel avantage a
la premiere ſur la ſeconde?
Celui de la nouveauté. L'u-
ne eſt paſſée, & l'autre vient
à la mode; du moins je n'y
vois point d'autre raiſon de
préférence, à moins que ce
ne ſoit parce que l'attraction
vient d'Angleterre. Jadis ,
pour être ſçavant, c'étoit le
Grec qu'il falloit ſçavoir ; aujourd'hui, c'eſt l'Anglois. On
ne veut pas même qu'on
puiſſe être galant homme
ſans le ſçavoir ; & pour peu

G

qu'on l'écorche, ou qu'on foit de la Société Royale de Londres, on ne peut plus parler fans dire de jolies chofes. Il faut effectivement que cela donne de l'efprit, car je connois des gens qui paffent actuellement pour en avoir, & qui, avant que de fçavoir de l'Anglois, n'en avoient jamais été foupçonnés. Il eft vrai, car il faut tout dire, qu'on ne leur fait l'honneur de leur en croire, que parmi ceux qui ne les connoiffent pas, ou parmi leurs femblables. Ils ont entendu dire que

les chofes communes devien-
nent ingénieufes en paffant
par la bouche des belles ; &
fur ce beau principe, ils s'i-
maginent que des fottifes de-
viennent galanteries en paffant par la bouche d'un Académicien d'*Angleterre*. Je
conviens qu'elles y acquie-
rent un gout fingulier. Les
productions de ces membres
François de la Société de
Londres , reffemblent aux
fruits d'une greffe de pom-
mier antée fur une épine. Il a
été un tems où les gens du
monde avoient l'injuftice de

regarder la fcience & la galanterie comme deux chofes
incompatibles ; & depuis que
l'inimitable Auteur des *Mondes* les a defabufés , ces fin-
ges croyent avec plus d'injuftice encore , que pour être
galant , il fuffit d'être fçavant.
Que de fades copies produi-
fent un fi charmant original !

Outre le vuide & l'attraction fur lefquels M. de Maupertuis fonde le mouvement
de tous les aftres autour du
Soleil , on pourroit objecter
bien des chofes contre l'o-
pinion où il eft que les Co-

métes font des aftres perma-
nens, & dont le mouvement
eft régulier ; par exemple,
qu'il n'oferoit affurer lui-même qu'on ait jamais obfervé
deux Cométes qui ayent tenu précifément la même rou-
te avec la même viteffe, la
même groffeur, les mêmes
ornemens, & toutes les
tres apparences femblables,
ce qui devroit pourtant être
pour ofer affurer, comme il
le fait, que les Cométes font
de véritables Planétes. Les
Aftronomes rapportent qu'on
les a quelquefois apperçues

G iij

retournant fur leurs pas : qui
les faifoit ainfi changer de
détermination ? Quelque dépit contre le Soleil ; car l'Auteur affure qu'elles ne font
point rétrogrades. L'Auteur
remarque que l'on ne peut
expliquer ce mouvement
dans le fyftême des tourbillons : cela me paroît effectivement affez difficile ; mais
comment l'explique - t - on
dans le fentiment de M.
Newton ? & pourquoi l'Au-
teur ne nous l'a-t-il pas ap-
pris ? En les obfervant avec
d'excellens télefcopes , on

en a découvert qui ne paroif-
foient pas plus épaiffes
que de minces nuages.
Comment accorder cela
avec la folidité d'un aftre du-
rable, d'une Planéte? Pourquoi celles de notre tourbillon n'auront-elles pas de la
barbe & une queue auffi-bien
que ces étrangeres? & qu'au-
roient-elles fait à la nature,
pour être privées de ces beaux
ornemens? L'Auteur dit qu'ils
ne font qu'un amas de va-
peurs & d'exhalaifons, que
la chaleur du Soleil, à mefure que ces aftres en approchent, éleve & fait fortir de

leur corps. Mais on a fouvent vu des Cométes plus éloignées du Soleil que la Lune, Venus & Mercure, à qui l'on a pourtant toujours remarqué quelques-uns de ces ornemens ; & a-t'on jamais découvert une chévelure à la Lune, de la barbe à Venus, ou une queue à Mercure?

Newton croit que ce font des fluides deftinés pour la réparation des pertes que font les Planétes , ainfi l'œil de la nature appellé , ou fi vous voulez , la nature elle-même, qui eft l'ame du Soleil, attire d'un bout de l'Univers à l'autre une Cométe, pour porter la fécondité dans le fein des Planétes, à qui fon fecours eft néceffaire. L'idée n'eft-elle pas ingénieufe & galante ? Ne diroit-on pas d'un arrofoir que la main d'une Fée invifible promene au travers d'un parterre enchanté pour en arrofer les fleurs languiffantes ? Cependant notre *ingénieux* & *galant* Auteur trouve que cet emploi n'eft pas trop honorable : Croit-il que celui des Planétes le foit davantage ? Et lui qui trouve indifferent d'*attirer*, ou d'*être attiré*, croit-il qu'il foit

plus avantageux d'être arrofé, que d'arrofer ? Le fort de
la fleur lui paroît peut-être
plus doux & plus beau, parce
qu'elle eft belle ; mais il fe
trompe. Dans fon hypothéfe,
où les corps fe cherchent &
s'attirent mutuellement ; fi la
fleur fe réjouit à l'approche
de l'arrofoir, je fuis perfuadé
que l'arrofoir ne fe fent pas
moins aife à l'afpect de la
fleur. D'ailleurs fi elle eft belle, il ne faut pas qu'elle s'en
enorgueilliffe, ce n'eft pas
pour elle. Le fpectacle de la
beauté n'eft pas fait pour les
fujets même qui en font or-

nés. Deux beaux yeux, par exemple, ne font pas naturellement faits pour fe voir : ils ne fe voyent même jamais, & ils ne peuvent tout au plus entrevoir que leur copie. Auffi ne fe donnent-ils proprement que l'image du plaifir, au lieu que ceux qui les voyent en reçoivent le plaifir en original. Que les fleurs ne foient donc point fi fieres d'être belles : cette beauté eft moins un titre de nobleffe, qu'une preuve de dépendance : peut-être même leurs brillantes couleurs ne font-elles que des mar-

ques honorables d'une douce fervitude. Ce qu'il y a de
certain, c'eft qu'elles ne font
que les dépofitaires de ces
précieux tréfors , ou fi l'on
veut qu'elles en ayent la pro-
priété , du moins elles n'en
ont pas l'ufage ; la jouiffance
en eft réfervée pour les yeux
de celui qui les cultive.

Ainfi n'en déplaife à l'Auteur, il n'eft ni plus doux,
ni plus beau d'être arrofé ,
que d'arrofer , & par conféquent l'emploi dont Monfieur
Newton charge une Comé-
te , n'eft point fi deshono-
rant : vraiment il lui en don-

ne un, qui l'est à mon gré bien davantage. Il ne se sert d'abord de sa barbe & de sa queue que pour faire peur à sa dame. Cela n'est, dit-il, propre qu'à mettre le feu à la terre, à nous apporter des déluges, la fin du monde, & autres choses semblables. Il est vrai qu'un instant après il la console, en lui apprenant que si ces dangereux ornemens sont capables de faire beaucoup de mal, ils peuvent aussi faire beaucoup de bien; la chose est effectivement assez égale de part & d'autre; c'est-à-dire, que nous n'avons rien à en craindre, ni à en esperer. Une Cométe traîne une queue *après elle*, à peu près comme un Académicien porte une épée *à côté de lui*.

Je me contenterois de vous le dire, Mademoiselle, & je vous en épargnerois la preuve, si vous étiez d'humeur à m'en croire sur ma parole aussi facilement que M. l'Abbé Des Fontaines en croit M. de Maupertuis sur la sienne, mais j'ai trop souvent éprouvé que vous êtes peu crédule, pour ne pas vous apporter des raisons de ce que j'avance.

Je dis donc premierement
que nous n'avons rien à craindre des Cométes ni de leurs
queues, fur-tout dans l'opinion de M. de Maupertuis.
Les accidens dont il nous
menace de leur part ne font
fondés que fur leur ren-
contre, ou fur la chute de
leur queue. Or nous n'avons
à en appréhender ni rencon-
tres, ni chûtes. Leur rencontre ne pourroit être occafionnée que par l'attraction ; &
l'attraction étant une chimére, tout ce qui s'enfuit eft
auffi chimérique. Ainfi point

de rencontre à craindre, encore moins de chute ; car
cette chute de la queue d'u-
ne Cométe n'eſt fondée que
ſur ſa peſanteur, & ſa peſanteur ne peut la faire tomber
que ſur la Cométe même, du
ſein de laquelle elle eſt ſor-
tie, & non pas ſur la terre,
de même que la peſanteur
des nuages que le Soleil éleve en l'air, les fait retomber
peu de tems après ſur la ſurface de la terre.

Bien plus, je ſoutiens,
qu'au lieu dêtre peſante, la
queue d'une Cométe eſt lé-
gere,

gere, parce qu'étant mue cir-
culairement, elle doit fans
ceffe tendre à s'éloigner du
centre de fon mouvement,
& s'en éloigner effectivement, ne trouvant en fon
chemin d'autre obftacle que
le vuide, qui ne peut nulle-
ment l'arrêter. Il eft vrai que,
par ce mouvement de lége-
reté, elle pourroit s'échaper
de notre côté; mais une raifon qui nous met à l'abri de
fes infultes, c'eft qu'avant de
fe groffir affez pour faire
peur, ces vapeurs devroient,
à mefure que le Soleil les

H

éleve du corps de la Cométe, s'écouler & s'évanouir dans le vuide. Par la même raison, la matiere qui forme une atmosphere autour de la terre & des autres Planétes, devroit se dissiper dans le vuide. Nous n'avons donc 1°. rien à craindre des Cométes.

2°. Nous n'avons, précisément pour les mêmes raisons, rien à en esperer; mais ce qu'il y a de plaisant, c'est que les avantages prétendus qu'en attend M. de Maupertuis n'en sont point. Il n'est

pas heureux en exemples.
Pour le prouver, je choifis
le premier de ceux qu'il ci-
te. En parlant de l'approche
d'une Cométe, il dit que;
1°. *Un petit mouvement qu'el-*
le cauferoit dans la fitution de
la terre, en releveroit l'axe,
& fixeroit les Saifons à un
Printems continuel. Peut-être
un autre lui demanderoit-il
ce qu'il entend par fon *petit*
mouvement dans la fituation
de la terre ; mais pour moi je
ne veux point le chicaner :
je vois bien qu'il a voulu dire un *petit* changement *dans*

H ij

la fituation de la terre ; ainfi je ne trouve dans cet exemple que deux chofes à redire ; la premiere , c'eft que je foutiens qu'un Printems perpétuel ne feroit point un avantage ; la feconde , c'eft qu'il n'eft pas vrai que ce changement, arrivant à la fituation de la terre, produifit un perpétuel Printems.

Eft-il poffible qu'un François ait pu regarder un printems éternel comme un avantage , fur-tout en écrivant à une Dame , & à une Dame vrai-femblablement de fa na-

tion ? Je dis vrai-femblablement , car ce pourroit fort
bien être aufîi quelque An-
gloife. Le célebre La Fontai-
ne a dit, *variété , c'eſt ma de-*
viſe ; mais c'eſt aufîi celle de
toute la nature humaine , &
principalement de la nature
humaine Françoife. Si le
printems étoit perpétuel, on
le voudroit borner ; parce
qu'il eſt borné , on le fou-
haite perpétuel ; mais s'il l'é-
toit, on s'en ennuieroit bientôt. Ne s'ennuie-t-on pas des
mêts les plus exquis, & des
plaifirs les plus délicieux ?

On abandonne tous les ans
Paris pour la Campagne. Souvent le Roi quitte Verſailles
pour la *Meute*, & l'Amant
même le plus tendre renon-
ce aux faveurs d'une Amante
pour courir après les rigueurs
d'une autre. Son cœur s'en-
nuye enfin d'être heureux :
pour le ragouter, il lui faut
des abſences, des caprices,
des ſujets de jalouſie : auſſi
les belles ont-elles ſoin de
s'en munir ; & je ne leur en
ferois pas mauvais gré, ſi elles s'en tenoient là. Ne mur-
murons point non plus d'a-

voir des hyvers & des étés, c'est pour embellir le printems & l'automne. C'est pour notre plaisir que soufflent les vents du nord, que se forment les nuages & la glace, que s'élevent les brouillards, & que tombent la neige, la grêle & la pluie. Les nuages font des ombres au Tableau de l'univers ; le souffle impétueux des aquillons n'est fait que pour nous mieux faire sentir la douce haleine du zéphyre ; la neige ne couvre la surface de la terre, que pour nous la rendre plus

agréable au retour de la verdure & des fleurs ; c'est pour
rafraîchir nos vins pendant
l'été que se forme la glace
dans les hyvers. Pendant cette saison les brouillards n'ob-
scurcissent le Soleil que pour
donner plus d'éclat aux beaux
jours du printems. Ce sont
effectivement ceux à la beauté desquels nous sommes le
plus sensibles , parce qu'ils
ont les charmes de la nouveauté. Nous nous y accou-
tumons insensiblement , &
nous tomberions bientôt dans
le dégoût d'une jouissance
                              paisible ,

paisible, si le Soleil attentif
à prévenir nos dégoûts ne se
déroboit de tems en tems à
nos regards sous des nuages
qu'il forme & qu'il assemble
tout exprès, pour se faire dé-
sirer quelque tems, & après
une courte absence, fondre
doucement ces mêmes nua-
ges pour rafraîchir l'air, gros-
sir & murir les fruits, & s'of-
frir à nos yeux plus brillant
que jamais. Tous ces chan-
gemens sont des jeux de la
nature inventés par sa com-
plaisance pour l'amusement
du genre humain ; c'est une

I

mere attentive à nos befoins
& à nos plaifirs, qui fçait ce
qu'il nous faut & ce qui nous
plaît bien mieux que nous
ne le fçavons nous-mêmes.
En inclinant l'axe de la terre,
elle fongeoit bien à ce qu'elle faifoit ; c'étoit pour nous
faire des hyvers & des étés,
des printems & des autom-
nes. Elle nous a donné pour
chaque année la même quantité totale de jour ou de lumiere, (non compris le cré-
pufcule) que nous aurions
dans un printems perpétuel;
mais elle a jugé à propos de

la diſtribuer inégalement dans
les différentes faiſons. Elle a
allongé les nuits de l'automn-
ne & de l'hyver aux dépens
de leurs jours ; & elle a pro-
longé les jours du printems
& de l'été aux dépens de leurs
nuits. Elle a voulu nous ré-
créer par ce te admirable &
prodigieuſe varieté, qu'elle a
femée dans les faiſons avec
plus d'abondance que dans
aucun de ſes autres ouvrages.
Tous les ans ſont compoſés
de quatre faiſons & de 365
jours ; cependant l'homme le
plus âgé a-t-il jamais vû, je

ne dis pas deux ans , deux
faifons , ni même deux jours ,
mais deux heures du même
jour , ou deux minutes de la
la même heure parfaitement
femblables ? Deux jours de
fuite ne font jamais égaux en
durée ; la chaleur change à
toutes les heures du jour , &
le Tableau des cieux varie à
chaque inftant. Après avoir
gouté tous ces agrémens ,
que deviendrions - nous , fi
nous voyions couler tout de
fuite 365 jours parfaitement
égaux en durée , en chaleur ,
fans nuages , & avec le mê-

me aspect du Ciel ? Le Spec-
tacle de l'Univers fût-il le
plus beau qu'il est possible,
il nous deviendroit fade &
insipide en moins d'un an.
Concluons donc qu'un Printems perpétuel ne seroit point
un avantage, que la terre est
bien comme elle est, que
l'inclinaison de son axe est un
bien pour ses habitans, & ne
sçauroit par conséquent être
la suite d'une punition telle
que le déluge, comme le
suppose, à ce que je crois,
M. Pluche.

Non-seulement un prin-

tems perpétuel ne feroit point
pour nous un avantage ; mais
la rencontre d'une Cométe
ne le procureroit point à la
terre en relevant fon axe, comme l'a cru M. de Mauper-
tuis. Je ne lui en fais pourtant pas un crime , ce n'eft
pas lui qui eft l'inventeur de
ce beau préjugé ; & en le ré-
pétant , il n'a été que l'écho
de quantité de grands hommes comme lui , qui l'avoient
adopté long - tems auparavant ; mais je voudrois bien
fçavoir ce que ces grands
hommes ont voulu dire par

un printems perpetuel , fi
tant eft qu'ils l'ayent jamais
fçu eux-mêmes. Seroit-ce
une fuite éternelle de jours
pendant chacun defquels le
foleil feroit autant de tems fur
notre horifon que deffous ?
Non , on ne peut , ou du
moins, on ne doit pas avoir
une pareille idée du printems,
ce feroit lui attribuer une proprieté qui ne convient qu'au
premier de tous fes jours, encore n'eft-ce pas à la rigueur
une proprieté du premier
jour du printems, puifqu'elle
lui eft commune avec le pre-

I iiij

mier jour de l'automne. Une pareille fuite de jours ne feroit donc pas plutôt un printems perpétuel, qu'un continuel automne; mais à parler exactement, ce ne feroit ni l'un ni l'autre, ce feroit une faifon toute neuve; car les jours du printems, depuis le premier jufqu'au dernier, vont toujours en augmentant, & fes nuits en diminuant : au contraire, les jours de l'automne vont toujours en diminuant, & fes nuits en augmentant.

Par un printems perpétuel

l'Auteur entend-t-il des jours
conſtamment égaux en cha-
leur ? Ce ſeroit encore en
avoir une idée auſſi fauſſe que
la premiere ; car comme de
l'équinoxe du printems au
ſolſtice d'été chaque jour augmente en durée, il croît, accidens à part, & s'augmente
à peu près de même en chaleur.

Mais quand même on fe-
roit conſiſter le printems dans
une chaleur égale , l'axe de
la terre en ſe redreſſant ne lui
procureroit point cet avantage prétendu. Nous aurions

toujours , au moins , deux faisons par an , un hyver & un été. La principale diffé-rence qu'il y auroit entr'eux & ceux d'à-préfent , c'eft qu'ils fe trouveroient dans un ordre renverfé , l'hyver à la place de l'été ; & l'été à la place de l'hyver. Nous avons à préfent l'hyver quand la ter-re eft dans fon *périhélie* , & l'été lorfqu'elle eft dans fon *aphélie :* au contraire , nous aurions l'été lorfque le Soleil feroit dans fon *périgée* , & l'hyver quand il feroit dans fon *apogée.* La raifon en eft qu'à caufe de l'inclinaifon de l'axe de la terre , les rayons du Soleil n'y viennent qu'obliquement, excepté les jours des équinoxes : au lieu que fi cet axe étoit relevé, les rayons du Soleil tomberoient toujours perpendiculairement fur la terre ; dans le premier cas , c'eft le plus ou le moins d'obliquité de ces rayons qui fait l'hyver ou l'été ; dans le fecond, ce feroit la proximité ou l'éloignement du Soleil qui cauferoit l'été ou l'hyver.

J'ai dit que dans ce dernier cas, il y auroit un hyver & un été au moins, parce qu'à bien calculer, on y trouveroit aussi un printems & un automne, qui seroient dans un ordre renversé comme l'hyver & l'été. Il est vrai qu'outre leur renversement, ces quatre saisons différeroient encore autrement de celles d'aujourd'hui. Les saisons d'à-présent different les unes des autres par la varieté des jours, des nuits & de la chaleur ; & dans l'autre hypothése, elles ne différeroient entr'elles que par la diversité de la chaleur.

Si par un perpétuel prin-
tems , l'Auteur n'entendoit
qu'une verdure & des fleurs
continuelles, c'est-à-dire,
une situation toujours sem-
blable à celle de la terre aux
mois d'Avril & de Mai, de
quoi voudroit il que nous vê-
cussions ? Plaisant avantage
qui ne nous laisseroit pas de
pain ! L'agréable saison qui
nous ameneroit un carême
continuel ! voudroit - il que
nous allassions brouter l'herbe
avec les bêtes , disputer aux
chenilles les feuilles des ar-
bres, ou ravir le suc des fleurs

aux abeilles? Toutes ces nourritures me paroiffent bien légeres. Ma foi, vive le tems des vendanges, c'eft la vérirable faifon des plaifirs. Pour moi, j'aime le pain & les fruits, entr'autres, le raifin, & je ne hais pas le jus qu'on en tire. Paffe encore fi l'Auteur nous eût fait efpérer de la part de fes Cométes un automne perpétuel; mais que veut-il que nous faffions de fon éternel printems? D'ailleurs, confondre la verdure & les fleurs avec le printems même, c'eft prendre l'effet pour la caufe. La Poëfie fouffre affez volontiers ces libertés ; mais l'Aftronomie eft plus févére, & je ne crois pas que les licences Poëti-ques y foient d'ufage.

Qu'eft-ce que c'eft donc enfin que le printems? C'eft le tems pendant lequel le Soleil eft communément cenfé parcourir l'arc du Zodiaque compris entre l'équateur & le tropique du *Cancer*, & occupé par le *Bélier*, le *Taureau* & les *Gémeaux*. Tous les Aftronomes conviendront, je crois, de cette notion.

Comment donc le célebre, que je critique, a-t-il pu avancer que l'axe de la terre en se redreffant nous procureroit un printems perpétuel ? Il eft évident au contraire qu'il nous ôteroit celui dont nous jouiffons ; puifqu'au lieu de l'écliptique, le Soleil ne décriroit plus, ou du moins, ne feroit plus cenfé décrire que l'Equateur, fans jamais s'en écarter vers l'un ou l'autre tropique. Les principales proprietés du printems font l'augmentation de la chaleur, l'accroiffement des jours &

la

la diminution des nuits depuis le premier jour de cette
faison jufqu'au dernier, & le
nouveau printems n'auroit
rien de tout cela. Le jour y
feroit toujours égal à la nuit,
& la chaleur augmenteroit
à la vérité pendant fix mois,
mais elle diminueroit enfuite
pendant les fix mois fuivans:
au lieu que pendant le printems, accidens à part, elle
ne fait qu'augmenter. A quoi
donc penfoient les fameux
Aftronomes qui ont fait accroire à M. D. M. que l'axe
de la terre en fe relevant,

K

nous donneroit un printems
perpétuel ? entendoient - ils
bien ce qu'ils difoient ? M.
L. D. F. a-t-il conçu bien
clairement ce que c'eft que
ce beau Printems ? Et n'eft-
ce pas encore là une jolie
chimere ? J'aimerois autant
qu'on me berçât des comp-
tes *de peau d'Afne , de l'attraction , ou de Jean de Paris
& de la belle Magdelone.* Par
ce prétendu Printems, jugez
des autres avantages que la
rencontre , ou l'approche
d'une Coméie , font capa-
bles de nous procurer.

J'ai appliqué à notre climat & à ses voisins les raisonnemens que j'ai faits sur le Printems, mais il est évident qu'on peut, proportion gardée , les appliquer aux autres climats. Par exemple, l'axe de la terre en se relevant ne donneroit point un perpétuel Printems aux habitans des Poles. Au lieu de leur long jour & de leur longue nuit , ils n'auroient plus qu'une espece de crépuscule continuel ; car alors le Soleil décriroit sans cesse leur horison sans jamais s'élever au-deſſus, ni s'abaiſſer au-deſſous.

M. D. M. rapporte en faveur de ſon opinion ſur les Cométes, celles de pluſieurs Aſtronomes Anglois, dont il trouve lui-même les penſées hardies ; il pouvoit même dire téméraires , ſans craindre de paſſer pour l'être; mais toutes ces autorités ne prouvent autre choſe , ſinon qu'il aime & lit les Anglois, qu'il adopte aiſément leurs ſentimens , & qu'il voudroit les inſpirer à ſa nation, comme il fait à quelques petits Académiciens qu'il protege , qui

en reconnoiſſance de ſa pro-
tection, ne penſent que d'a-
près lui, & à qui l'on dit
qu'en entrant à l'Académie,
il fait recevoir *l'attraction*,
& prendre la petite Perru-
que à l'Angloiſe, à con-
dition de loüer leurs ouvrages quand ils en traduiront,
& de les faire loüer, tant qu'ils
voudront, eux & leurs parens
par M. L. D. F. pourvû qu'ils
promettent de lui faire des
extraits dans l'occaſion, & ſur-
tout, de trouver agréables les
plaiſanteries du Docteur *Swift.*

Le ſyſtême de M. D. M.

fur les Cométes prouve donc qu'il fçait affez bien faire, d'après les Anglois, des Châteaux en Efpagne, que M. L. D. F trouve *folides* on ne peut davantage ; mais qui fuivant les principes de Phyfique, ne font rien moins. Je me fouviens d'avoir avancé, qu'ils ne l'étoient pas même dans les principes de M. L. D. F. Je ne veux, pour le prouver, que fes propres paroles. » Je crois, *dit-il,* que » quelques obfervations qu'on » faffe, ce ne pourra être que » dans 20 ou 30 fiécles, qu'il

» y aura fur le cours des Co-
» métes un fyftême certain.
» En attendant, il faut nous
» confoler de notre profonde
» ignorance » : d'où lui fur-
vient cette ignorance profonde, & cette incertitude fur
la nature des Cométes, après
avoir trouvé le fyftême de
M. D. M. fur cette matiere fi
clair & fi *folide* ? Comment
accorde-t-il enfemble l'*incer-*
titude & la *folidité*, une *ex-*
trême clarté & une *ignorance*
profonde ?

Il me femble avoir tenu,
Mademoifelle, tout ce que

je vous ai promis ; mais comme mon principal but étoit
de vous faire voir que l'Auteur de la Lettre fur la Co-
mete n'eft point *ingénieux*
Rival de l'Auteur des Mon-
des, je fuis bien-aife de finir
en vous confirmant mon fentiment par un nouveau trait ,
que je choifis entre beaucoup d'autres à caufe de fa
fingularité. Après avoir dit
qu'il y a des Cométes qui
s'approchent fort du Soleil ,
& que leur chaleur en doit
être par conféquent très-aug-
mentée ; il ajoûte : » On voit
» par-là

» par-là que fi les Comètes
» font habitées par quelques
» efpéces d'*animaux vivans*,
» il faut que ce foient des
» *êtres d'une complexion* bien
» differente de la nôtre, pour
» pouvoir fupporter toutes
» ces viciffitudes : il faut que
» *ce foient d'étranges corps.*
Par qui veut-il donc que fes
Comètes foient habitées, fi
ce n'eft par des *animaux vi-*
vans ? Veut-il que ce foit par
des animaux morts ? Ne femble-t'il pas, à l'entendre, que
comme *animal raifonnable* ,
& *animal irraifonnable* , font

L

deux *efpéces* , dont animal eſt le *genre* , & raiſonnable & ir-raiſonnable ſont les *differen-ces* ; de même animal *vivant* & animal *mort* , ſont auſſi deux *efpéces* du même *genre* , dont l'une a pour *difference* d'être *vivante* , & l'autre a pour *difference* d'être *morte* ; en ſorte qu'elles peuvent éga-lement, l'une & l'autre, habi-ter les Cométes de l'Auteur ?

2°. Qu'eſt-ce que *des êtres d'une complexion bien differen-te* , &c. J'ai bien oüi - dire que des hommes , & plus proprement leurs corps , é-toient d'une *complexion* bon-

ne ou mauvaise ; c'est-à-dire,
d'un bon ou d'un mauvais
temperament ; mais jusqu'i-
ci je n'avois jamais entendu
dire qu'un *être* fût de telle ou
telle *complexion*. J'avoue que
c'est là du nouveau ; il faut
que cela vienne du crû de
l'Auteur ; car il ne l'a assuré-
ment pris ni aux Anglois, ni
à l'Auteur *des Mondes*. Si cette dénomination convient à
l'*être* en général , il faudra
nécessairement, suivant un
vieil Axiome du bon (*a*) ami

(*a*) Aristote. Tout ce qui convient au su-
périeur convient aussi à l'inférieur , excepté
la supériorité & ses dépendances.

de M. l'Abbé Des Fontaines,
qu'elle convienne à toutes ses
espéces, & modification &
esprit étant du nombre de
ces espéces, on pourra dire
qu'une modification, un esprit, font de bonne ou mauvaise complexion. Par exemple on pourroit dire que la
science de l'Auteur est d'une
drôle de *complexion*, & que
l'esprit de son Panégyriste est
d'un *tempérament* singulier.

3°. A propos de quoi est-
il venu fourrer là ce terme
trop général d'*êtres* ? Il sem-
ble que ce soit exprès pour

faire une faute. Que ne met-
toit-il tout naturellement à
sa place, le pronom *ils* ? en
disant *il faut qu'ils soient d'u-*
ne complexion, &c.

4°. Il a encore manqué
de justesse en disant, il faut
que *ce soient* d'étranges corps,
sur-tout après les avoir com-
parés à nous. Il devoit dire,
il faut *qu'ils ayent* d'étranges
corps, même en supposant
que les bêtes ne sont que des
machines, parce que parmi
les animaux de ses Comé-
tes, il pourroit s'en trouver
qui fussent, à peu près com-

me nous , compofés d'un efprit & d'un corps.

5.°. Enfin comment toute
cette phrafe eft-elle écrite &
arrangée ? Cependant l'Auteur, dans l'Avertiffement qui
eft à la tête de la feconde Edition de fa Lettre , fait mo-
deftement dire à fon Libraire qu'on l'a trouvée *paffable-
ment* écrite, & vous fentez
bien ce que veut dire ce *paf-
fablement là.*

Devineriez-vous bien main-
tenant , Mademoifelle , ce
que je trouve de fingulier
dans ce paffage , & qui lui

a mérité la préférence fur
beaucoup d'autres ? Vous
croyez peut-être que c'eft
qu'il contienne autant de fautes que de lignes ; point du
tout. C'eft que ce foit cette
élégante période qui ait valu
à fon Auteur le titre *d'Ingénieux Rival de l'Auteur des
Mondes*. Auriez-vous cru fon
judicieux Parrein , fi libéral
de cette flatteufe épithéte ?
Pour moi, fi j'étois malin , je
le foupçonnerois d'avoir en
cet endroit moins voulu donner un trait de louange à fon
ingénieux filleul , que gliffer

L iiij

un trait de fatyre contre fon
prétendu Rival ; car il eft
trop ingénieux lui - même
pour en donner fi gratuite-
ment le titre à un autre.

Il me refte plus de chofes
à vous dire, Mademoifelle,
que je ne vous en ai dit ;
mais outre que je crains de
vous ennuyer, j'appréhende
que fi je différois encore un
jour ou deux à vous écrire,
on ne parlât plus de l'objet
de ma Critique, & que vous
ne daignaffiez par conféquent
pas prendre la peine de la lire. J'en ferois très fâché ; car

je l'ai faite à deſſein de vous
rendre ſuſpect le témoigna-
ge doublement dangéreux de
M. l'Abbé Des Fontaines ,
qui, au regret de bien des
honnêtes gens, ne ſe ſert pas
d'une balance juſte dans la
diſtribution de l'ironie & de
l'encens qu'il débite chaque
ſemaine. C'eſt dommage que
la partialité empêche un ſi
habile homme d'être un Critique parfait. Vous voyez
que je ne lui reſſemble pas ,
& que mon dépit ne m'em-
pêche pas de lui rendre juſ-
tice.

Il en eft de même de l'Auteur dont nous avons, lui & moi, parlé fi différemment. La façon décifive avec laquelle il a parlé lui-même de la lumiere, de l'attraction, & fur-tout fon Avertiffement, m'ont révolté. J'ai voulu vous donner un préfervatif contre les préjugés d'un homme d'une réputation fi féduifante ; mais au refte ne croyez pas, Mademoifelle, que je cherche à la diminuer, ni à lui faire tort dans votre efprit. Je confidére fincérement M. de Maupertuis com-

me un digne Académicien,
un célébre Aftronome, un
profond Géométre, & mê-
me comme homme d'efprit,
fi vous voulez ; mais je ne
puis me réfoudre à le regarder comme *Rival,* du moins
*Ingénieux de l'Auteur des
Mondes.* Si vous m'y voulez
obliger, dites à M. l'Abbé
Des Fontaines qu'il vous en
donne de meilleures preuves,
que celles qu'il a choifies ; &
avertiffez-le de ne les pas
chercher dans la Lettre fur
la Cométe.

Si par hazard ce que je

vous ai dit de cette Lettre,
Mademoiselle, vous faifoit
naître l'envie de fçavoir ce
que je penfe des Cométes
mêmes, vous n'avez qu'à
parler, que dis-je, parler,
vous n'avez qu'à me laiffer
entrevoir, foupçonner votre
défir, & vous pouvez comp-
ter qu'il fera bientôt comblé.
A vous parler franchement,
je doute fort de vous avoir
infpiré la curiofité d'en apprendre davantage fur le
compte des Cométes ; c'eft
pourquoi, en attendant que
vous me demandiez mon

sentiment sur leur nature , je suis d'avis de vous dire , tandis que je suis en train, ce que je pense de leur origine.

Nous jugeons presque toujours des choses relativement à nos inclinations. M. de Maupertuis, qui est Géométre, se contente, en parlant des Cométes , de leur faire décrire des ellipses qui leur sont tracées par l'attraction, sans s'embarrasser si elles prédisent où ne prédisent pas certains événemens. Les Dévots les regardent comme des signes indubitables de la co-

lere célefte, qui fous la con-
duite d'un Ange, viennent
menacer les peuples de fa-
mine, de pefte, de guerre,
ou de quelqu'autre fleau femblable. Les Politiques croyent
que ces aftres pronoftiquent
le fort des Rois & des Empires. Pour moi, s'il m'eft
permis d'en dire auffi ma
penfée, je m'imagine que les
Cométes préfagent quelque
chofe de plus rare que la fa-
mine, la pefte, la guerre, le
changement des Empires,
ou la bonne & la mauvaife
fortune des Rois. Je crois

que ce font des flambeaux
allumés par la Nature , &
portés par l'Amour , pour
annoncer à l'Univers la naif-
fance d'une beauté , qui
doit être tendre & fidele.
Avec un pareil guide, il eft
aifé de fatisfaire à toutes les
irrégularités qu'on obferve
dans le mouvement de ces
aftres. Quant à la fin que je
leur donne , elle paroîtroit
fans doute fort étrange à bien
des gens , qui regardent une
femme fidele comme une
agréable chimére ; mais je
fuis bien éloigné de pen-

fer comme eux. Je conviens qu'une femme fidele eft une chofe fort rare ; mais je ne la crois pas impoffible. Prefque toutes font tendres , on en rencontre affez de belles ; il en eft qui font belles & tendres : Je dis plus , car il faut être de bonne-foi ; on en trouve quelquefois de tendres qui, grace à leur figure, font fideles : quoique moins fréquemment on en voit même de belles qui font auffi fideles par tempérament ; mais en voit-on fouvent qui foient tout à la fois belles , tendres & fideles ?

fideles? Je ne crois pas affurément faire tort au beau Se-
xe, en difant que leur appa-
rition n'eſt pas moins rare
que celle des Comètes. Hélas!
Faut-il encore qu'elle ſoit
auſſi paſſagére?

Pardonnez-moi, s'il vous
plaît, Mademoiſelle, ces vé-
rités : vous êtes dans un âge
où l'on peut encore vous en
dire. Vous me les pardonne-
riez ſans doute plus volontiers, ſi je vous les avois ri-
mées; mais malheureuſement
je n'ai pas penſé à votre gout
pour la Poëſie. C'eſt bien

M.

dommage, car j'aurois fait ma Critique en vers. Je ne me fuis fouvenu que vous les aimez qu'en finiffant ma Lettre, & en la pliant. Je vous ai fait l'impromptu fuivant, dont je vous prie ardemment de m'envoyer la réponfe au reçu de la préfente, foit pour m'en payer, foit pour m'en punir.

PHYSICO
MATHE-MADRIGAL.

BRILLANS rivaux de l'œil des
    cieux,
Ardens Soleils, dont la lumiere
Brule plutôt qu'elle n'éclaire,
Vive fource des plus beaux feux,
Jumeaux uniques, nouveaux Aftres,
Dont l'afpect fombre ou gracieux
Fait à nos tendres Zoroaftres,
Prévoir de l'Empire amoureux,
Les biens futurs & les défaftres;
Thermométres de mes amours,
Sûrs Barométres de ma vie,
Vous, qui de mes nébuleux jours,
Marquez le froid, le chaud, le beau
    tems & la pluie,
Et qui les rendez longs ou courts

Au gré de votre fantaifie :

Complices & témoins de ma tendre
    langueur,

Double fource de joye & de mélan-
    colie,

Oracles d'un Dieu féducteur

Qui jamais ne répond fans amphibo-
    logie,

Sur le fort qu'il réferve à ma fidéle
    ardeur,

Beaux yeux de l'aimable Julie,

Qu'allez-vous en ce jour annoncer à
    mon cœur ?

Hélas ! loin d'efpérer un augure flat-
    teur,

Il n'ofe de vous fe promettre

Que des préfages de rigueur.

Trop heureux toutefois fi vous daignez
    permettre

Qu'il aille à vos regards obferver mon
    malheur !

Ce 31e. de Juin 1742.

DES ROSIERS.

F I N.

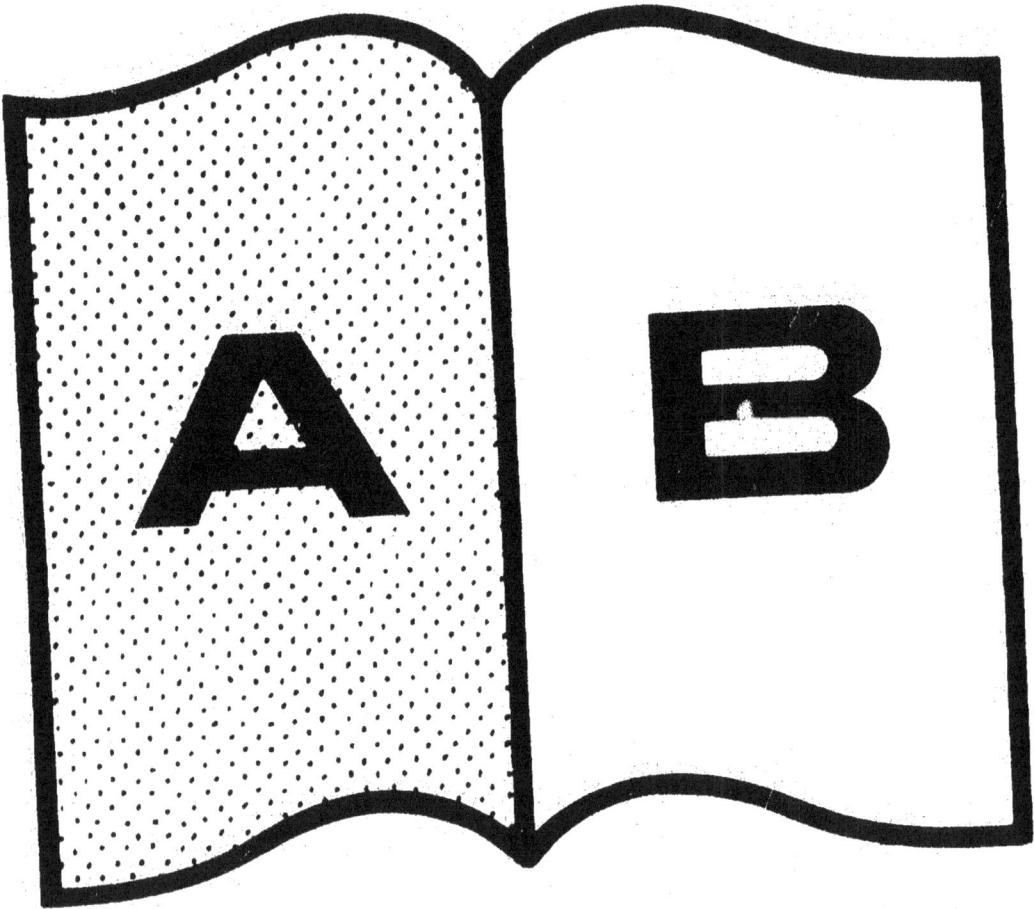

Contraste insuffisant

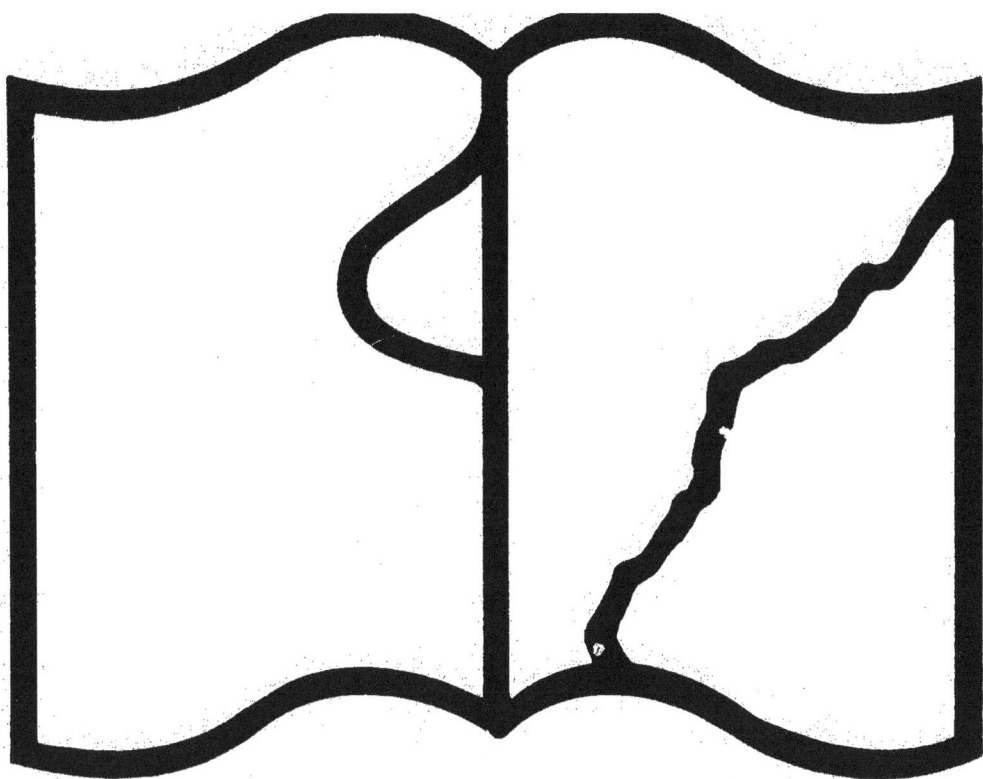

Texte détérioré — reliure défectueuse

NF Z 43-120-11

www.ingramcontent.com/pod-product-compliance
Lightning Source LLC
Chambersburg PA
CBHW071859200326
41519CB00016B/4454